PALÉONTOLOGIE

FRANÇAISE.

PARIS. — IMPRIMERIE DE SIROU ET DESQUERS,
rue des Noyers, 37.

PALÉONTOLOGIE

FRANÇAISE.

DESCRIPTION ZOOLOGIQUE ET GÉOLOGIQUE

DE TOUS

LES ANIMAUX MOLLUSQUES ET RAYONNÉS

FOSSILES DE FRANCE,

COMPRENANT LEUR APPLICATION A LA RECONNAISSANCE DES COUCHES :

PAR ALCIDE D'ORBIGNY,

DOCTEUR ÈS SCIENCES NATURELLES DE LA FACULTÉ DE PARIS,
Chevalier de l'ordre royal de la Légion-d'Honneur,
Chevalier de l'ordre de Saint-Waldimir de Russie, de la Couronne de Fer d'Autriche,
Officier de la Légion-d'Honneur bolivienne,
des sociétés philomathique, de géologie, de géographie et d'ethnologie de Paris,
Membre honoraire de la société géologique de Londres, des académies et sociétés
savantes de Turin, de Madrid, de Moscou, de Philadelphie, de Ratisbonne,
de Montevideo, de Bordeaux, de Normandie, de La Rochelle, de Saintes, de Blois, etc.,
auteur du *Voyage dans l'Amérique Méridionale*, etc. ;

AVEC

Des figures de toutes les espèces, lithographiées d'après nature,

PAR M. J. DELARUE.

TERRAINS CRÉTACÉS.

SUPPLÉMENT.

A PARIS,

CHEZ ARTHUS BERTRAND, LIBRAIRE-ÉDITEUR,

rue Hautefeuille, 23.

1847

CÉPHALOPODES.

6e famille. BELEMNITIDÆ, d'Orbigny.

Animal allongé pourvu d'une *coquille interne*, cornée et testacée, munie, à la partie postérieure, de loges aériennes, empilées sur une ligne presque droite, représentant un cône percé, à sa partie inférieure, d'un siphon marginal.

Rapp. et diff. — Cette famille, voisine des *Teuthidæ* par sa coquille cornée, s'en distingue par une série de loges aériennes, empilée à son extrémité postérieure, et formant une partie conique percée d'un siphon, analogue à la coquille complète des *Orthoceratites* ; mais s'en distinguant par sa position interne comme le reste de la coquille cornée de laquelle elle dépend, au lieu d'être externe.

La famille des *Belemnitidæ* ne renferme, jusqu'à présent, que les genres *Conoteuthis*, *Belemnitella* et *Belemnites*.

Ier GENRE. CONOTEUTHIS, d'Orbigny, Pl. 1.

Animal inconnu.

Coquille interne, cornée, très-allongée, terminée postérieurement, par un cône alvéolaire contenant une série de cloisons transverses aériennes, percées d'un siphon à la partie inférieure. Les lignes d'accroissement dénotent une forte carène médiane supérieure longitudinale, et un cône qui se réunit obliquement à la carène.

Rapp. et diff. — Par la forme allongée de la coquille, par la présence du cône postérieur, ce genre a la plus grande analogie avec les *Ommastrephes*. Par son alvéole, pourvue de cloisons aériennes, représentant un cône, il a de grands rapports avec la *Bélemnite*. Il diffère néanmoins des premiers par son cône alvéolaire, cloisonné, tandis qu'il est simple chez les *Ommastrephes*. Il se distingue des seconds par sa coquille étroite en avant, au lieu d'être spatuliforme, par le manque de rostre testacé autour de l'alvéole.

Le genre *Conoteuthis*, par ses caractères intermédiaires entre les *Ommastrephes* et les *Belemnites*, doit évidemment prendre place près de ces deux genres.

On n'a rencontré, jusqu'à présent, qu'une seule espèce fossile, dans l'étage aptien, du centre de la France.

N° 1. **CONOTEUTHIS DUPINIANUS**, d'Orbigny, Pl. 1.

Conoteuthis Dupinianus, d'Orbigny, 1842, Ann. des Sc. nat.; Zool., t. XVII, pl. 12, fig. 1-5.
Idem, d'Orbigny, 1846, Paléont. univ., pl. 30.
Idem, d'Orb., 1846, Moll. viv. et foss., pl. 32.

C. testâ conicâ, oblique striatâ, subarcuatâ, septis rectis.

Dim. La partie connue a 12 mill. de longueur, son angle d'ouverture a 30° $\frac{1}{2}$.

Coquille interne très-allongée, pourvue, postérieurement, d'un cône corné oblique, lisse, ou seulement marqué de très-légères lignes d'accroissement. Cloisons transversales, lisses. Crête longitudinale saillante et presque tranchante.

Loc. Dans l'étage aptien ou argile à plicatules, du bassin parisien ; entre Ervy et Marolles, près de Seignelay (Yonne), MM. Dupin, Ricordeau et Cotteau ; Saint-Dizier (Haute-Marne), M. Tombeck.

Expl. des fig. Pl. 1, fig. 1, cône alvéolaire de grandeur naturelle, vu de profil ; *a* la tige : la partie ombrée est ce qu'on connaît en nature, le reste est supposé ; fig. 2, le même, vu en dessus ; fig. 3, godet terminal, supposé d'après les lignes d'accroissement ; fig. 4, coquille entière, supposée d'après les lignes d'accroissement marquées sur le cône alvéolaire ; fig. 5, la figure 2 grossie, la partie non ombrée supposée ; fig. 6, la figure 1, grossie ; *a*, partie supposée ; *b*, partie positive ; fig. 7, cône alvéolaire, vu en dessus, avec son siphon ventral, de ma collection.

II⁰ GENRE. **BELEMNITELLA**, d'Orbigny.

Actinocamax (pars); *Belemnites* (pars).

Animal. Coquille interne, probablement cornée, terminée en arrière par un godet conique, contenant une série transverse de loges aériennes traversées par un siphon continu , sur la région inférieure, le tout protégé extérieurement par un encroûtement postérieur ou rostre. *Rostre* allongé, subcylindrique ou lancéolé, pourvu , en avant, à la région ventrale , d'une fente profonde, communiquant avec la paroi externe de l'alvéole. A la région dorsale antérieure se voit, en avant, une côte médiane, et de chaque côté une impression longitudinale latéro-dorsale d'abord, large en avant, puis rétrécie vers l'extrémité, où elle se divise en rameaux plus ou moins partagés, dirigés vers la région ventrale. L'alvéole est, comme l'extrémité supérieure du rostre, pourvue d'une forte côte dorsale longitudinale, qui règne sur toute la longueur.

Observ. La côte longitudinale médiane du rostre pourrait faire croire que la coquille cornée interne avait une tige étroite, comme celle des *Conoteuthis*, tandis que la présence de la fissure inférieure, et les impressions latéro-dorsales du rostre dénotent une organisation particulière. La singulière forme carrée du godet de l'alvéole du *B. quadrata* annoncerait peut-être une enveloppe cornée plus épaisse à cette partie qu'elle ne l'est dans les Bélemnites ordinaires.

Rapp. et diff. — Les *Belemnitella* offrent, comme les *Conoteuthis*, une côte longitudinale dorsale, élevée, sur la partie supérieure de l'alvéole ; mais elles s'en distinguent par la présence d'un rostre postérieur. Les *Belemnitella* ont, par leur rostre, les plus grands rapports avec les *Belemnites*, néanmoins, elles s'en distinguent toujours de la manière la plus tranchée par la côte supérieure dorsale de l'alvéole, par les impressions latéro-dorsales du rostre, et par la fissure inférieure de celui-ci, communiquant avec la paroi externe de l'alvéole, trois caractères zoologiques constants, qui manquent toujours chez les *Belemnites*, et dénotent un animal pourvu d'organes différents.

Toutes les espèces de *Belemnitella* sont fossiles, et par une rare exception, semblent du moins, jusqu'à présent, n'être propres qu'aux couches supérieures de la craie, auxquelles elles ne paraissent pas avoir survécu.

Espèces de l'étage turonien, ou de la craie chloritée.

N° 2. **BELEMNITELLA VERA,** d'Orbigny, 1846. Pl. 2.

Breynius, 1732, Dissertatio phys., p. 411, t. VII, fig. 15.

Beudant, 1810, Ann. du Mus., t. XVI, pl. 3, fig. 8, 9.

Parkinson, 1811, Organ. rem., vol. III, pl. 4, fig. 19.

Belemnites fusiformis, Young, 1822, Geol. of York, XIV, pl. 14, fig. 2 ??

Actinocamax verus, Miller, 1823, Trans. of the geol. Soc., II, p. 64, pl. 9, fig. 17.

Belemnites plenus, Blainv., 1827, Mém. sur les Bél., p. 59, n° 1.

Idem, Dict. des Sc. nat., fig. 3.

B. mucronatus, Sow., 1829, Min. conch., VI, p. 205 (pars), pl. 600, fig. 6, 7.

B. lanceolatus, Sow., 1829, Min. conch., VI, p. 208, pl. 600, fig. 8, 9. (Non Schloth., 1815.)

Actinocamax Blainvillei, Voltz, 1830, Bélemn., p. 35.

B. plenus, Desh., 1830, Encycl. méth., t. II, p. 124, n° 1.

B. lanceolatus, Pusch, 1837, Polens paléont., p. 162, n° 2.

B. plenus, Bronn, 1837, Lethæa géol., t. XXXIII, fig. 14.

B. plenus, Potiez et Mich., 1838, Galerie, I, p. 22, n° 9.

B. plenus, Roemer, 1841, Kreid., p. 84, n° 7.

Belemnitella Galliennei, d'Orb., 1842, Bull. de la Soc. géol.

B. lanceolatus, Morris, 1843, Brit. foss., p. 177.

Belemnitella vera, d'Orb., 1846, Pal. univ., pl. 32, fig. 1-6.

Idem, d'Orb., 1846, Terr. crét., suppl., pl. 2, fig. 1-6.

Idem, d'Orb., 1846, Moll., viv. et foss., I, Bélem., n° 1.

B. testâ elongatâ, lanceolatâ, lævigatâ, anticè subtrigonâ, posticè dilatatâ, depressâ, acuminato-mucronatâ; ateribus sulcis impressis latis, posticè evanescentibus; alveolo? anticè truncato, radiatìm costato, subtùs scissurato.

Dim. Longueur, 90 mill. Grand diamètre postérieur, 14 mill.; grand diamètre antérieur, 10 mill.

Rostre très-allongé, fusiforme, rétréci en avant, renflé au tiers postérieur, et fortement acuminé en pointe en arrière. La coupe antérieure est comprimée, triangulaire : à la partie la plus large, elle est déprimée ovale. Dessous se remarque une légère dépression antérieure. Impressions latéro-dorsales larges en avant, sans ramifications, rétrécies à la partie la plus dilatée, et alors marquées seulement de deux nervures. Je ne connais cette espèce qu'à l'état d'Actinocamax, c'est-à-dire sans alvéole ; néanmoins, sur un des échantillons que je possède, on voit le commencement de l'alvéole et de la scissure inférieure qui y conduit. La troncature paraît être identique sur tous les individus ; elle est oblique, la région ventrale plus saillante ; on y remarque, en dessus, trois côtes divergentes, en dessous une dépression médiane, et sur chacun des côtés, vis-à-vis des impressions latéro-dorsales, une forte côte rayonnante. Il y a, en outre, d'autres petites côtes moins prononcées. Cette espèce varie beaucoup pour son allongement.

Rapp. et diff. — Elle se distingue facilement des autres par sa forme lancéolée, par sa surface lisse, sans ramifications latérales, et enfin par la singularité de sa troncature.

Loc. Elle est propre à l'étage turonien supérieur. En France, elle a été recueillie à Sainte-Cerotte (Sarthe), par M. Gallienne ; en Belgique, à Tournay, à Lathinne et à Tirlemont, par M. de Koninck et par moi ; en Angleterre, à Hamsey, à Steyning.

Hist. Considérée, en 1811, par M. Beudant, comme une pointe d'oursin, cette espèce fut le type du genre *Actinocamax*, et de l'*A. verus*, par Miller. Trois ans après, M. de Blainville, en la plaçant dans le genre *Belemnites*, changea son nom spécifique en celui de *Plenus* ; M. Sowerby l'appela *Lanceolatus*, et M. Voltz, *Blainvillei*. Je l'avais d'abord indiquée, en 1842, sous le nom de *Belemnitella Galliennei*, mais aujourd'hui je crois devoir revenir au nom le plus anciennement donné, celui de *Vera*, malgré sa défectuosité.

Expl. des fig. Pl. 2, fig. 1, rostre, vu de côté, *a* dessous, *b* dessus; fig. 2, la même, vue en dessus; fig. 3, la même, vue en dessous; fig. 4, partie supérieure du rostre grossi, *a* dos, *b* ventre; fig. 5, coupe transversale au tiers inférieur; fig. 6, individu plus jeune. De ma collection.

GENRE. **BELEMNITES**.

Espèces de l'étage néocomien.

N° 5. **BELEMNITES BINERVIUS**, Raspail. Pl. 3, fig. 1-6.

Belemnites binervius, Rasp., 1829, Ann. des Sc. d'obs., I, p. 34, n° 4, pl. 6, f. 6.
B. pisciformis, Raspail, 1829, idem, p. 43, pl. 7, f. 65.
B. accinaciformis, Raspail, idem, p. 35, n° 5, pl. 6, fig. 8,
B. truncatus, Raspail, idem, p. 35, n° 6. pl. 6, fig. 9.
B. distans, Raspail, 1829, idem, p. 36, n° 7, pl. 6, fig. 7.
B. dilatatus, d'Orb., 1839, Terr. crétacés, p. 39, pl. 2, f. 9-19.
B. hybridus, Duval, 1841, Bélemnites, p. 51, pl. 3.
B. binervius, d'Orb., 1841, Résumé sur les Céphal., Terr. crét., I, p. 617.
Idem, d'Orb., 1846, Paléont. univ., pl. 65, fig. 1-6; pl. 66, fig. 9-19.
Idem, d'Orb., 1846, Terr. crétacés, Suppl., pl. 3, fig. 1-6.
Idem, d'Orb., 1846, Moll. viv. et foss., I, Bélemn., n° 40.

B. testâ oblongâ, compressâ, subæquali, anticè angustatâ, suprà sulcatâ, lateribus complanatâ, bistriatâ, posticè obtuso-mucronatâ; alveolo angulo 21° 30'.

Dim. Longueur, 70 mill.; largeur, 26 mill.; épaisseur, 13 mill.

Rostre oblong, presque égal sur la longueur, comprimé partout, à peine rétréci en avant, terminé en arrière par une pointe obtuse excentrique peu saillante. En avant, sur la région dorsale, est un sillon qui s'efface promptement. Sur les côtés sont de légères saillies ondulées, et deux nervures parallèles, le plus souvent droites. On voit, de plus, en dessus ou en dessous comme des méplats à bords anguleux quoique obtus.

Obs. Dans le jeune âge, le rostre est allongé, lancéolé, comprimé; le sillon dorsal court, les côtés convexes sont pourvus de deux lignes parallèles très-prononcées, qui s'étendent sur toute la longueur; la pointe médiane assez aiguë; souvent des parties anguleuses en dessus ou en dessous.

Rapp. et diff. — Voisine par sa forme comprimée, par ses nervures latérales, par son extrémité obtuse, du *B. dilatatus*, cette espèce s'en distingue par sa moins grande compression, par son sillon plus court, par son cône alvéolaire plus ouvert et par ses formes anguleuses.

Loc. D'après M. Duval, elle ne se trouverait pas avec le *B. dilatatus*, et serait propre aux couches les plus inférieures de l'étage néocomien. On la rencontre à Liéoux, à Cheiron (Basses-Alpes), à Gigondas (Vaucluse), M. Renaux; Haute-Rive, près de Neuchâtel (Suisse), M. Coulon.

Hist. Décrite et figurée par M. Raspail, en 1829, sous cinq noms différents, elle en a encore reçu un sixième de M. Duval. Je crois devoir revenir à l'un des premiers donnés. Je la conserve, cette espèce, parce qu'elle ne se trouve jamais dans les mêmes couches que la *B. dilatatus*, dont elle se rapproche beaucoup.

Expl. des fig. Pl. 3, fig. 1, rostre adulte, vu de côté; fig. 2, coupe à la partie supérieure; fig. 3, coupe près de l'extrémité postérieure du rostre; fig. 4, coupe longitudinale; fig. 5, déformation; fig. 6, autre déformation.

Nº 4. **BELEMNITES LATUS**, Blainville. Pl. 4, fig. 1-9.

B. latus, Blainv., 1828, Mém. sur les Bélemn. sup., p. 121, pl. 5, fig. 10 (*adulta*).

B. obesus, Raspail, 1829, Ann. des Sc. d'obs., I, p. 307, pl. 6, fig. 13.

B. Honoratii, Raspail, 1829, loc. cit., p. 316, pl. 8 fig. 88.

B. convexus, Raspail, 1829, loc. cit., p. 42, pl. 7, fig. 17.

B. persona tonsoria, Raspail, loc. cit., p. 46.

B. latus, d'Orb., 1839, Paléont. franç., Terr. crét., t. I, p. 48, nº 4, pl. 4, fig. 4-8. (Exclus, fig. 1-3.)

Idem, Duval, 1841, Bélemn., p. 61, pl. 6. (Exclus, fig. 1.)

B. latus, Mathéron, 1842, Catal., p. 258, nº 284.

Idem, d'Orb., 1846, Paléont. univ., pl. 67, fig. 1-9; pl. 68, fig. 4-8.

Idem, d'Orb., 1844, Terrains crétacés sup., pl. 4, fig. 1 0.

Idem, d'Orb., 1840, Moll. viv. et foss., I, Belemn., nº 41.

B. testá elongatá, lanceolatá, obliquá, crassá, compressá, posticè obtuso-mucronatá, subtùs longitudinaliter latè sulcatá; apicè excentricá; alveolo angulo 20°.

Dim. Longueur, 70 mill.; largeur, 15 mill.; hauteur, 19 mill.

Rostre allongé, lancéolé, très-épais, obtus en arrière, où une légère pointe excentrique évidée autour vient en occuper la partie moyenne supérieure ; jeune, il est comprimé ; mais, comme dans les adultes, l'encroûtement a lieu plus sur les côtés qu'en dessus et en dessous ; il en résulte qu'il s'épaissit et devient beaucoup plus large ; son diamètre, du reste, est plus étroit en avant que vers l'extrémité postérieure. On remarque deux sillons latéraux près de l'alvéole. Le sillon inférieur est profond, large et marqué, sur presque toute la longueur, ne s'effaçant que vers l'extrémité. Cavité conique très-prolongée. Couleur noirâtre, opaque, ou blonde.

Rapp. et diff. — Ayant, comme le *B. dilatatus,* une tendance à se dilater, à s'élargir, cette espèce s'en distingue facilement par son sillon plus large et continu presque jusqu'à l'extrémité.

Loc. Etage néocomien inférieur, près de Castellane, à Chamateuil (Basses-Alpes), MM. Emeric, Duval et moi ; à Mont-Clus, à Saint-Julien (Hautes-Alpes), MM. Groz et Rouy; à Alais (Gard), M. Requien.

Hist. Cette espèce a été bien indiquée par M. de Blainville sous le nom de *Latus*, ce qui n'a pas empêché M. Raspail de lui donner quatre dénominations nouvelles. C'est à tort que j'ai rapporté le *B. conicus* de Blainville au jeune de cette espèce ; c'est le jeune du *B. extinctorius*, Raspail. M. Duval est tombé dans la même faute. Le grand nombre d'individus de tout âge de cette espèce et de l'autre, que je possède en ce moment, m'a fait arriver à cette nouvelle conclusion.

Expl. des fig. Pl. 4, fig. 1, individu large adulte, vu de côté ; fig. 2, un autre rostre plus allongé ; fig. 3, le même, vu en dessus ; fig. 4, coupe supérieure ; fig. 5, coupe prise près de l'extrémité inférieure ; fig. 6, individu plus jeune, vu de côté ; fig. 7, coupe supérieure ; fig. 8, coupe au-dessous de l'alvéole; fig. 9, jeune individu entier, vu de côté.

Nº 5. **BELEMNITES ORBIGNYANUS**, Duval. Pl. 4, fig. 10-16.

Belemnites Orbignyanus, Duval, 1841, Bélemn., p. 65, pl. 8, fig. 4-9.
Idem, d'Orb., 1846, Paléont. univ., pl. 67, fig. 10-16.

Idem, d'Orb., 1846, Terrains crétacés suppl., pl. 4, f. 10-16.
Idem, d'Orb., 1846, Moll. viv. et foss., I, Bélemn., n° 42.

B. *testá elongatá, subcylindricá, lœvigatá, supernè compressiuscula, subtùs sulcatá, sulco medio evanescentibus ; posticè depresso-mucronato ; alveolo angulo* 18°.

Dim. Longueur, 70 mill.; diamètre, 10 mill.

Rostre allongé, cylindrique, légèrement comprimé en avant, déprimé en arrière, où il est pourvu d'une pointe mucroné assez longue. On remarque, en dessous, un sillon profond qui occupe plus de la moitié de la longueur, et dont les bords sont carénés. Il y a de plus, sur les côtés, un indice de doubles sillons parallèles. Cette espèce paraît avoir été la même à tous les âges et la forme n'en a pas changé.

Rapp. et diff. — Voisine, par sa forme cylindrique, du **B.** *subfusiformis*, elle s'en distingue par son ensemble plus court, plus cylindrique, et par son sillon plus prolongé.

Loc. Dans les couches inférieures de l'étage néocomien, Cheiron, Liéoux, Anglès, Robion (Basses-Alpes), MM. Emeric et Duval; Mont-Clus (Hautes-Alpes), M. Rouy.

Expl. des fig. Pl. 4, fig. 10, rostre de grandeur naturelle ; fig. 11, le même, vu de côté ; fig. 12, coupe supérieure ; fig. 13, coupe moyenne ; fig. 14, coupe prise à l'extrémité inférieure ; fig. 15, un autre rostre ; fig. 16, coupe longitudinale. De ma collection.

N° **6. BELEMNITES PISTILLIFORMIS,** Blainville. Pl. 5.

Belemnites, Beudant, 1810, Observ. sur les Bélemn., pl. 3, fig. 9.
B. *minimus,* Blainville, 1827, Mém. sur les Bélemn., p. 119, pl. 4, fig. 1 ; pl. 5, fig. 6. (Non *minimus* Lister.)
B. *pistilliformis,* Blainv., 1827, Mém. sur les Bélemn., p. 98, pl. 5, fig. 14, 15. (Exclus. fig. 16, 17.) Non Rœmer, 1835; non Sowerby, 1829.
B. *subfusiformis,* Raspail, 1829, Hist. nat. des Bélemn., p. 55, pl. 8, fig. 93.
B. *crassior,* Raspail, 1829, Ann. des Sc. d'obs., p. 57, pl. 8, fig. 84.
B. *crassissimus,* Raspail, 1829, p. 327, pl. 8, fig. 85, 86, 87.
B. *pistilliformis,* Raspail, 1829, Ann., I, p. 327, pl. 8, fig. 95-97, 100, 102.
B. *aculeus echini,* Raspail, 1829, p. 327, pl. 8, f. 87.
B. *hastatus,* Raspail, 1829, pl. 8, f. 91.
B. *symetricus,* Rasp., 1829, p. 54, pl. 8, fig. 90-101.
B. *præmorsus,* Rasp., 1829, p. 55, pl. 8, fig. 27.
B. *contortus,* Rasp., 1829, p. 56, pl. 8, fig. 28, 29.

B. oblongus, Rasp., 1829, p. 52, pl. 8, fig. 82.

B. navicula, Rasp., 1829, p. 51, pl. 8, fig. 79.

B. brevirostris, Rasp., 1829, p. 51, pl. 8, fig. 80.

B. fusus, Rasp., 1829, p. 52, pl. 8, fig. 81.

B. gemmatus, Rasp., 1829, p. 51, pl. 8, fig. 77.

B. rostratus, Rasp., 1829, p. 51, pl. 8, fig. 78.

Actinocamax fusiformis. Voltz, 1830, Observations sur les Bélemn., p. 34, pl. 1, fig. 6 (*junior*).

Actinocamax Milleri, Voltz, 1830, Observ. sur les Bélemn., p. 35, pl. 1, fig. 7 (*adulta*).

Belemnites pistillum, Rœmer, 1836, Nord. Oolith., p. 108, pl. 16, f. 7.

B. subfusiformis, d'Orb., 1840, Paléont. franç., Terr. crét., t. I, p. 53, n° 5, pl. 4, f. 9-16.

B. pistilliformis, d'Orb., 1840, Paléont. franç, Terr. crét., t. I, p. 53, n° 6, pl. 6, f. 1-4.

B. subfusiformis, Duval, 1841, Bélem., p. 66, pl. 9, 10.

B. pistilliformis, Duval, 1841, Bélem., p. 72, pl. 8, f. 10-16.

B. pistillum, Rœmer, 1841, Nord. Kreid., p. 83, n° 2.

B. pistilliformis, d'Orb., 1846, Paléont. univ., pl. 34, f. 1-4 ; pl. 68, fig. 9-10, pl. 70.

Idem, d'Orb., 1846, Terrains crétacés sup., pl. 5.

Idem, d'Orb., 1846, Moll. viv. et foss., I, Bélemn., n° 44.

B. testá elongatá, subfusiformi, anticè acuminatá, posticè acuto-mucronatá, lateraliter longitudinaliterque bisulcatá subtùs anticè sulcatá. Alveolo 20°.

Dim. Longueur d'un grand individu, 90 mill.; diamètre, 9 mill.

Rostre (*adulte*). Très-allongé, fusiforme, arrondi, renflé vers le tiers inférieur de sa longueur, s'amincissant en avant, où il est marqué en dessous, sur une petite longueur, d'un sillon assez profond ; acuminé et mucroné en arrière. Sur les côtés se remarquent deux petits sillons rapprochés, parallèles, tres-prononcés à la partie la plus renflée et disparaissant vers les extrémités. Ligne apiciale droite, coupes transversales, rondes ou légèrement ovales. Cône alvéolaire occupant du quart jusqu'au cinquième de la longueur du rostre.

Jeune. Je rapporte au jeune âge, par l'analogie du centre de quelques individus adultes, une Bélemnite très-allongée, presque linéaire, semblable, pour la partie supérieure, et qu'on trouve aux mêmes lieux que les vieux ; elle manque, le plus souvent, de sillon ventral. Couleur blonde ou noirâtre. On trouve des individus infiniment plus allongés les uns que les autres. Je regarde cette variation comme dépendant des sexes.

Obs. Cette espèce est sujette à beaucoup de déformations et de monstruosités. Comme elle est l'une des plus allongées, elle donne plus souvent que les autres lieu au cas patholo-gique qui forme le genre *Actinocamax.* Je considère encore comme simple variété d'encroutement les individus dont on a formé le *B. pistilliformis*, car à cela près d'un dépôt plus abondant à l'extrémité, qui rend cette partie obtuse au lieu de la laisser aiguë, je ne trouve aucun autre caractère différentiel [1].

Rapp. et diff. — Cette espèce est voisine par sa forme lan-céolée du *B. hastatus*, dont elle se distingue par son sillon bien plus court, par sa forme non déprimée et sa coupe circu-laire à l'extrémité.

Loc. Couches inférieures de l'étage néocomien, Robion, La Lagne, Peyroulles, (Basses-Alpes), MM. Eméric Duval et moi; Les Lates, Saint-Aubin, Gréolières (Var), MM. Duval, Astier, Mouton; à Saint-Julien (Hautes-Alpes), M. Rouy; en Crimée, M. Dubois; Chambéry (Savoie), M. Hugard; au Folhorn, (Suisse), M. Martins; à Lafferde et Bredenbak (Bavière), M. Rœmer; environs de Neufchâtel (Suisse), M. Gressly; No-zeroy, Mièges (Jura), M. Marcou; la Sarra (canton de Vaux), M. Marcou.

M. de Blainville a parlé le premier, en 1827, de cette espèce en décrivant ses *B. minimus* et *pistilliformis*; ainsi, le nom de *pistilliformis*, en le réservant à cette espèce, serait le plus ancien. Bien que M. de Blainville y ait con-fondu deux espèces, je crois devoir le conserver. Deux ans après, M. Raspail l'a désigné sous quinze dénominations différentes; et M. Voltz la place parmi les *actinocamax.* J'avais d'abord séparé les individus en massue, sous le nom de *pistilli-*

---

[1] **En 1840, j'avais fait présentir cette réunion.** *Terr. crétacés,* p. 53.

formis, et les autres comme *subfusiformis* Raspail, mais aujourd'hui je pense qu'on doit les réunir en une seule.

Expl. des fig. Pl. 5, fig. 1, individu très-vieux, vu en dessous; fig. 2, le même vu en dessus; fig. 3, le même vu de côté; fig. 4, coupe supérieure; fig. 5, coupe inférieure; fig. 6, 7, 8, 9, 10 et 11, cas pathologiques empruntés à M. Duval. De ma collection.

N° 7. **BELEMNITES SUBQUADRATUS**, Rœmer. Pl. 6, fig. 1-4.

Belemnites subquadratus, Rœmer, 1836, N. Oolith., p. 166, tab. XVI, f. 6.
Idem, Geinitz, 1840, Charak., p. 68.
Idem, Rœmer, 1841, N. Kreidegeb., p. 83, n° 1.
B. Cornuelianus, d'Orb., 1842, Terrains crétacés, t. I, p. 618.
B. subquadratus, Geinitz, 1842, Charak. Kreid., p. 68.
Idem, d'Orb., 1846, Paléont. univ., pl. 71, f. 1-4.
Idem, d'Orb., 1846, Terrains crétacés sup., pl. 6. fig. 1-4.
Idem, d'Orb., 1846, Moll. viv. et foss., I, Bélemnites, n° 45.

B. testâ elongatâ, subcylindricâ, lævigatâ, anticè subquadratâ, posticè subdepressâ, infernè complanato-depressâ, apicè subacutâ.

Dim. Longueur, 120 mill.; grand diamètre, 24 mill.

Rostre très-allongé, subcylindrique, lisse, aussi large que haut en avant, où la tranche est un peu carrée, de là, elle se déprime un peu et forme en dessous un fort méplat qui se continue sur toute la longueur, en se creusant davantage, près de l'extrémité.

Rapp. et diff. — Cette espèce se distingue nettement de toutes les Bélemnites du même étage par sa forme presque cylindrique sans sillons, et par son méplat antérieur en dessous. Par ce dernier caractère, elle se rapproche du *B. russiensis* dont elle diffère par sa forme plus allongée, et par sa région antérieure non déprimée.

Loc. Dans les couches inférieures de l'étage néocomien aux environs de Wassy (Haute-Marne), M. Cornuel; dans l'Hils-conglomerat de Schandelahe et de Bredenbeck (Bavière), M. Rœmer.

Expl. des fig. Pl. 6, fig. 1, rostre de grandeur naturelle vu en dessous; fig. 2, le même vu de côté; fig. 3, coupe